U0248529

客厅细节设计
3000 例

客厅电视墙设计

李江军 编

中国电力出版社
CHINA ELECTRIC POWER PRESS

内容提要

　　本书精选知名设计师的最新客厅设计作品，每张图片均标有详细的材料说明。书中涉及的文字内容为目前家庭装修中最热点最受关注的设计及施工注意事项，每一条都是非常实用的设计经验，能对读者在实际的装修施工中起到指导性的作用。

图书在版编目（CIP）数据

客厅电视墙设计 ／ 李江军编．— 北京 ：中国电力出版社，2014.6
　（客厅细节设计3000例）
ISBN 978-7-5123-5779-2

Ⅰ．①客… Ⅱ．①李… Ⅲ．①客厅－装饰墙－室内装饰设计－图集
Ⅳ．①TU241-64

中国版本图书馆CIP数据核字(2014)第075317号

中国电力出版社出版发行
北京市东城区北京站西街19号　　100005　　http://www.cepp.sgcc.com.cn
责任编辑：曹巍　　责任印制：郭华清　　责任校对：李楠
北京盛通印刷股份有限公司印刷·各地新华书店经售
2014年6月第1版 · 第1次印刷
700mm×1000mm　1/12 · 9印张 · 186千字
定价：32.00元

敬告读者

目录 / Contents

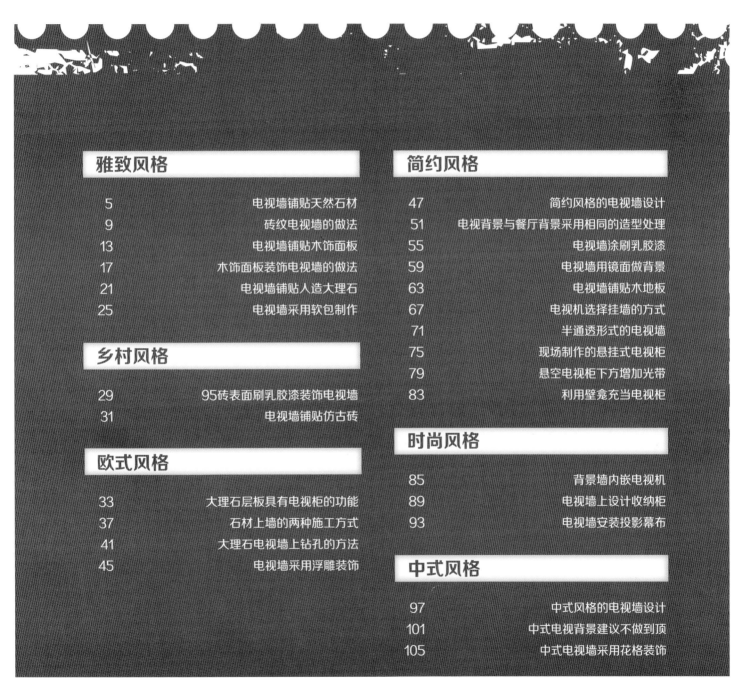

LIVING ROOM DESIGN

雅致风格

电视墙：米黄大理石 + 雕花黑镜

电视墙：水曲柳饰面板装饰凹凸背景显纹刷白

电视墙：仿古砖 + 雕花黑镜

电视墙：质感艺术漆 + 大理石线条

电视墙：木线条间贴 + 雕花玻璃

电视墙：洞石凹凸铺贴 + 陶瓷马赛克

电视墙：墙纸 + 不锈钢线条 + 银镜拼菱形

电视墙：茶镜 + 枫木饰面板 + 皮纹砖

电视墙：陶瓷马赛克拼花

电视墙：饰面板装饰柱 + 钢化绿玻璃 + 洞石

01 设计小贴士　　　**电视墙铺贴天然石材**

　　电视墙使用天然石材装饰时要注意不同石材的纹理差异，在施工之前最好先在地面上拼出图案，把纹理差别比较大的挑出来。建议不要直接用砂浆把石材铺贴到墙面，可以采取干挂的方式，或者在墙面加一层木工板然后用胶粘的方式来铺贴，以此来减少墙体自然开裂对石材的损坏。

电视墙：大花绿大理石＋饰面板装饰柜＋玻璃搁板

电视墙：米黄大理石＋墙纸＋木线条密排

电视墙：仿古砖

电视墙：啡网纹大理石倒角＋米黄大理石

电视墙：质感艺术漆＋茶镜＋米黄大理石

电视墙：爵士白大理石＋墙纸＋木线条密排

电视墙：爵士白大理石 + 黑镜 + 木线条框

电视墙：仿古砖斜铺 + 墙纸 + 饰面装饰框刷白

电视墙：墙纸 + 黑镜 + 洞石

电视墙：布艺软包 + 银镜倒角

电视墙：啡网纹大理石 + 墙纸 + 实木线装饰套

电视墙：啡网纹大理石 + 饰面板装饰凹凸背景刷灰绿色

电视墙：米黄大理石 + 雕花银镜 + 墙纸

电视墙：橡木饰面板 + 墙纸

电视墙：米黄大理石 + 密度板雕花刷白贴黑镜

电视墙：米黄大理石 + 墙纸 + 茶镜拼菱形

电视墙：米黄大理石雕刻造型 + 啡网纹大理石 + 磨花灰镜

电视墙：布艺软包 + 橡木饰面板

电视墙：石膏板造型刷白 + 大花白大理石

电视墙：米黄大理石 + 啡网纹大理石线条收口

电视墙：玻璃马赛克 + 墙纸 + 实木线装饰套

电视墙：米黄大理石 + 墙纸 + 黑镜

电视墙：密度板雕刻刷白

02
设计小贴士

砖纹电视墙的做法

　　砖纹墙面的做法很多，如用砖纹文化石铺贴，再嵌白色填缝剂，立体感更强。有些墙面如果本身就是新建墙体，那么也可以在建墙的时候就要求瓦工师傅有规则地砌墙，切记要用白水泥砂浆，而且要边砌边勾缝，最后用白色填缝剂填缝，效果会更自然。

电视墙：黑胡桃木饰面板＋彩绘玻璃斜铺

电视墙：墙纸＋木搁板＋饰面板装饰凹凸背景刷白

电视墙：墙纸＋密度板雕花刷白

电视墙：饰面板装饰柜

电视墙：仿古砖斜铺＋木花格贴黑镜

电视墙：米色墙砖＋雕花黑镜

电视墙：爵士白大理石 + 黑镜 + 木线条间贴

电视墙：墙绘 + 中式木花格贴银镜

电视墙：饰面板装饰柜

电视墙：石膏板造型刷白 + 墙纸

电视墙：布艺软包 + 灰镜倒角

电视墙：彩色乳胶漆 + 波浪板 + 实木雕花屏风

电视墙：洞石＋墙纸＋灰镜

电视墙：墙纸＋枫木饰面板＋木线条间贴

电视墙：木纹大理石＋黑镜

电视墙：布艺软包＋金色实木线装饰套

电视墙：布艺软包＋墙纸

电视墙：木线条框

电视墙：洞石凹凸铺贴 + 木花格贴银镜

电视墙：文化石 + 硅藻泥

电视墙：木地板上墙 + 墙纸

电视墙：墙纸 + 皮质软包 + 不锈钢线条框

电视墙：布艺软包 + 斑马木饰面板

03
设计小贴士

电视墙铺贴木饰面板

电视墙铺贴木饰面板宜根据面积大小来选择品种。如果以木饰面板为主材，对于大多数家庭还是建议选择浅色调的品种，如枫木、柚木、榉木等，更加温馨舒适；若追求个性可以选择铁刀木、黑檀等；如果木饰面板作为辅料则没有过多的限制。

电视墙┊啡网纹大理石＋玻璃马赛克＋密度板雕花刷白

电视墙┊黑镜＋爵士白大理石

电视墙┊布艺软包＋陶瓷马赛克拼花

电视墙┊大理石壁炉＋木网格＋黑镜＋木线条密排

电视墙┊灰镜雕刻回纹图案＋布艺硬包

电视墙┊布艺软包＋黑镜

电视墙：陶瓷马赛克＋啡网纹大理石＋雕花黑镜＋饰面板装饰柜

电视墙：墙纸＋樱桃木饰面板装饰凹凸背景

电视墙：墙纸＋木网格

电视墙：陶瓷马赛克＋米黄色墙砖

电视墙：啡网纹大理石＋墙纸

电视墙：米黄大理石＋饰面板装饰柱贴灰镜

电视墙：墙纸 + 洞石 + 大理石线条收口

电视墙：墙纸 + 木搁板

电视墙：黑白根大理石 + 灰镜

电视墙：墙纸 + 柚木饰面板装饰凹凸背景

电视墙：爵士白大理石 + 不锈钢线条网格造型 + 磨花银镜

电视墙：墙纸 + 木纹砖

电视墙：啡网纹大理石 + 茶镜

电视墙：皮质硬包 + 银镜

电视墙：仿古砖 + 墙纸 + 木线条框

电视墙：洞石凹凸铺贴 + 木线条密排

电视墙：大花白大理石凹凸铺贴

04
设计小贴士

木饰面板装饰电视墙的做法

　　木饰面板做电视背景，主要取其自然的纹理和淡雅的色彩。但是为了防止变形，首先基层上要用木工板或者九厘板做平整，表面的处理尽量精细，不要有明显的钉眼。木饰面板上墙的时候要考虑纹理方向一致，将来油漆上去才不会出现很大的色差。如果是清漆罩面，也可以通过清漆加调色剂来改变颜色。

电视墙：洞石＋啡网纹大理石

电视墙：石膏板造型刷白＋雕花黑镜

电视墙：墙纸＋雕花黑镜＋石膏板造型刷白

电视墙：文化石

电视墙：洞石＋不锈钢装饰柱

电视墙：墙纸＋饰面板装饰柜

电视墙：墙纸 + 米黄大理石

电视墙：云石大理石 + 石膏板造型刷白

电视墙：皮质软包 + 墙纸 + 黑胡桃木饰面板

电视墙：木地板上墙 + 雕花灰镜

电视墙：墙纸 + 饰面板装饰柜

电视墙：米黄大理石 + 布艺软包

电视墙：透光云石 + 木线条间贴

电视墙：木地板上墙 + 银镜

电视墙：皮质软包 + 银镜倒角 + 大理石线条收口

电视墙：布艺软包 + 木线条框

电视墙：皮质软包 + 饰面板装饰柱 + 墙纸

电视墙：米白大理石 + 灰镜 + 密度板雕花刷白贴银镜

电视墙：黑镜 + 洞石

电视墙：洞石 + 密度板雕花刷白 + 黑镜

电视墙：木地板上墙

电视墙：洞石 + 啡网纹大理石勾缝 + 黑镜

电视墙：米黄大理石 + 波浪板 + 金色镜面玻璃

05 设计小贴士

电视墙铺贴人造大理石

　　人造大理石的表面一般都进行过封釉处理，所以平时不需要太多的保养，表面耐氧化的时间也很长。人造大理石的花纹大多数是相同的，所以在施工的时候可以采取抽缝铺贴的方式，每块大理石的变口抽缝为 5 ～ 8mm 比较适合。

电视墙：布艺软包 + 黑镜

电视墙：啡网纹大理石

电视墙：米黄大理石 + 密度板雕花刷白贴灰镜

电视墙：黑白根大理石 + 灰色烤漆玻璃

电视墙：皮纹砖 + 黑白根大理石

电视墙：墙纸 + 茶镜 + 米色墙砖

电视墙：墙纸 + 质感艺术漆

电视墙：洞石 + 黑镜

电视墙：布艺软包 + 大理石线条

电视墙：米黄大理石 + 雕花茶镜

电视墙：啡网纹大理石 + 黑胡桃木饰面板

电视墙：米黄大理石斜铺 + 透光云石

电视墙：布艺软包 + 黑镜

电视墙：大花白大理石 + 墙纸

电视墙：墙纸 + 大理石线条收口 + 饰面板装饰柜

电视墙：墙纸 + 石膏板造型刷白 + 布艺软包

电视墙：墙纸 + 黑胡桃木饰面板 + 饰面板装饰柱

电视墙：墙纸 + 银镜 + 灰镜

电视墙：爵士白大理石装饰柜 + 银镜

电视墙：爵士白大理石 + 灰镜

电视墙：墙纸 + 米黄色墙砖 + 饰面板装饰柱贴银镜

电视墙：洞石凹凸铺贴 + 质感艺术漆

电视墙：银镜 + 樱桃木饰面板

电视墙：米黄色墙砖 + 木线条密排

电视墙：皮质软包 + 茶镜

06 设计小贴士

电视墙采用软包制作

　　软包的颜色和造型相当多变，可以是跳跃的亮色，也可以是中性沉稳色；可以是方块铺设，也可是菱形铺设。这里需要注意的是，软包的边角要注意收口，收口的材料可根据不同的风格来选择，如石材、挂镜线或木线条等。

电视墙：大花白大理石拓缝 + 陶瓷马赛克

电视墙：米黄大理石斜铺 + 雕花银镜 + 洞石

电视墙：皮纹砖 + 灰镜

电视墙：橡木饰面板 + 装饰壁龛

电视墙：大花白大理石 + 透光云石 + 黑色烤漆玻璃

电视墙：洞石 + 雕花黑镜 + 木线条密排

电视墙：质感艺术漆 + 木花格

LIVING ROOM DESIGN

乡村风格

电视墙：实木壁炉造型 + 彩色乳胶漆

电视墙：石膏板造型刷白 + 木地板上墙

电视墙：红砖勾白缝 + 质感艺术漆

电视墙：皮质软包 + 实木线装饰套

电视墙：艺术墙绘 + 收纳柜

电视墙：彩色乳胶漆 + 文化石

电视墙：红砖勾白缝 + 石膏板造型刷白 + 仿古砖斜铺

电视墙：墙纸 + 杉木板装饰背景刷白 + 木搁板

电视墙：红砖勾白缝 + 石膏板造型刷白

电视墙：红砖勾白缝 + 彩色乳胶漆

电视墙：硅藻泥 + 木搁板

电视墙：仿古砖斜铺 + 墙纸

电视墙：墙纸 + 饰面板装饰柜

电视墙：米黄大理石斜铺 + 石膏板造型刷白 + 装饰壁龛嵌黑镜

电视墙：墙纸 + 马赛克

电视墙：墙纸 + 实木线装饰套

95 砖表面刷乳胶漆装饰电视墙

01
设计小贴士

　　墙面裸露 95 砖并刷乳胶漆的装饰手法在现代家居设计中运用得很多。在砌墙的时候，一般应选择一些相对比较平整的砖，太粗犷则比较难勾缝，也会导致很多砂浆露在砖的外面，影响最终的效果。

电视墙：实木壁炉造型 + 文化石

电视墙：墙纸 + 石膏板造型拓缝刷彩色乳胶漆

电视墙：墙纸 + 陶瓷马赛克 + 雕花银镜

电视墙：文化石 + 陶瓷马赛克 + 墙纸

电视墙：墙纸 + 青砖勾灰缝

电视墙：硅藻泥

电视墙：墙纸 + 木线条框 + 石膏罗马柱

电视墙：文化石 + 墙纸 + 彩色乳胶漆

电视墙：彩色乳胶漆 + 石膏板造型刷白

电视墙：青砖勾灰缝 + 仿古砖斜铺 + 石膏板造型刷白

02 设计小贴士

电视墙铺贴仿古砖

电视墙铺贴仿古砖给客厅带来粗犷自然的气息。这里要注意，仿古砖边长的精确度越高，边角越直，铺贴后的效果越好。选择优质仿古砖不仅容易施工，而且能节约工时和辅料。如果拼接紧密无缝隙，则说明仿古砖的边角直度合格。

LIVING ROOM DESIGN
欧式风格

电视墙：墙纸 + 石膏板造型刷白

电视墙：密度板雕刻造型贴手工金箔 + 茶镜 + 金色木线条框

电视墙：皮质软包 + 玻璃搁板

电视墙：啡网纹大理石 + 柚木饰面板装饰凹凸背景

电视墙：金线米黄大理石倒角 + 皮质软包

电视墙 ┊ 啡网纹大理石 + 大理石罗马柱

电视墙 ┊ 布艺软包 + 银镜倒角

电视墙 ┊ 米色墙砖 + 黑镜

电视墙 ┊ 米黄大理石 + 啡网纹大理石框 + 墙纸 + 樱桃木饰面板

电视墙 ┊ 大理石壁炉 + 米黄大理石

01
设计小贴士

大理石层板具有电视柜的功能

　　有些电视墙设计成弧形，则不能考虑正常的电视柜了，只能选择定制或者现场制作，当然无论从造型美观还是实用性来讲，都会受到局限。建议考虑采用大理石的层板充当电视柜，可以取得不错的效果，要注意施工时里面一定要焊有钢筋，以保证其牢固度。

电视墙：花岗岩大理石 + 银镜倒角

电视墙：皮质软包 + 灰镜

电视墙：墙纸 + 大花白大理石

电视墙：啡网纹大理石 + 波浪板 + 皮质软包

电视墙：艺术墙砖 + 砂岩浮雕

电视墙：洞石 + 密度板雕刻刷白贴银镜

电视墙：米黄色墙砖拼花＋雕花银镜

电视墙：银镜倒角＋皮质软包

电视墙：布艺软包＋雕花银镜

电视墙：啡网纹大理石＋布艺软包

电视墙：陶瓷马赛克＋灰镜拼菱形

电视墙：皮质软包＋茶镜＋墙纸＋银镜拼菱形

电视墙：墙纸 + 雕花茶镜 + 石膏板造型刷白

电视墙：米黄大理石斜铺 + 饰面板装饰凹凸背景刷白

电视墙：墙纸 + 啡网纹大理石

电视墙：米黄大理石 + 雕花银镜

电视墙：米黄大理石 + 密度板雕花刷白 + 木线条框

电视墙：米黄大理石斜铺 + 大理石罗马柱

电视墙：啡网纹大理石斜铺＋饰面板装饰凹凸背景刷白

电视墙：墙纸＋木线条密排

电视墙：仿古砖斜铺＋米黄大理石＋大理石线条收口

电视墙：大花白大理石装饰凹凸背景＋皮质软包

电视墙：大理石壁炉造型＋墙纸＋雕花银镜＋石膏罗马柱

石材上墙的两种施工方式

设计小贴士

石材上墙一般有两种施工方式；一种是普通水泥砂浆或者黏结剂直接在墙面上铺设，另一种是采用干挂的形式来制作。第一种操作相对比较简单，费用也比较低，但是容易发生空鼓的现象；第二种操作比较复杂，先在墙面上做钢架，然后把石材粘到贴片上，再挂到钢架上。第二种操作虽然代价比较大，但是后期不容易出现问题。

电视墙∶艺术墙砖＋磨花茶镜

电视墙∶墙纸＋木线条收口

电视墙∶布艺软包＋银镜＋银色实木线装饰套

电视墙∶大花白大理石＋陶瓷马赛克＋雕花茶镜

电视墙∶大理石壁炉＋米黄大理石斜铺＋墙纸＋木线条框

电视墙∶米黄大理石＋银镜倒角＋砂岩浮雕

电视墙：米色大理石＋茶镜＋大理石罗马柱

电视墙：米黄大理石＋皮质软包＋墙纸

电视墙：黑镜＋饰面装饰框刷白

电视墙：洞石＋啡网纹大理石装饰框

电视墙：雕花银镜＋爵士白大理石

电视墙：米黄大理石＋实木罗马柱＋黑镜

电视墙：墙纸 + 大花白大理石 + 银镜倒角

电视墙：墙纸 + 大花白大理石装饰框 + 布艺软包

电视墙：墙纸 + 布艺软包 + 银色实木线装饰套

电视墙：米黄大理石斜铺 + 墙纸 + 实木半圆线条框

电视墙：陶瓷马赛克拼花 + 灰镜 + 大理石线条收口

电视墙：雨林棕大理石 + 茶镜 + 砂岩浮雕

电视墙：米黄大理石 + 墙纸

电视墙：米黄大理石 + 皮质软包 + 银镜

电视墙：皮质软包 + 墙纸 + 水曲柳饰面板装饰凹凸背景显纹刷白

电视墙：墙纸 + 透光云石 + 大理石线条收口

电视墙：墙纸 + 实木雕花 + 密度板雕花刷白

03
设计小贴士

大理石电视墙上钻孔的方法

　　如果是整体大理石板，要选用玻璃钻。在使用玻璃钻时，必须一边钻，一边在玻璃钻头上浇水，以免玻璃钻头烧坏。如果玻璃钻实在难以钻穿墙体，钻到一半时可改用冲击钻，但是冲击钻必须放在电钻挡，否则会把大理石打裂。如果是花纹大理石，钻孔时要加倍小心，因为有花纹的大理石本身存在纹路，振动力稍微大一点就会造成裂纹扩大。

电视墙┆大理石壁炉 + 质感艺术漆 + 黑镜 + 饰面板装饰凹凸背景刷白

电视墙┆陶瓷马赛克 + 墙纸 + 饰面装饰框刷白

电视墙┆墙纸 + 陶瓷马赛克 + 米黄大理石

电视墙┆米黄大理石斜铺 + 饰面板装饰柜

电视墙┆仿古砖斜铺 + 玻璃马赛克 + 雕花黑镜

电视墙┆米黄大理石倒角 + 金色镜面玻璃 + 墙纸

电视墙：墙纸 + 大理石罗马柱 + 雕花茶镜

电视墙：米黄大理石斜铺 + 墙纸

电视墙：布艺软包 + 银镜 + 木线条收口

电视墙：墙纸 + 石膏罗马柱 + 银镜倒 45° 角

电视墙：米黄大理石 + 雕花茶镜

电视墙：密度板雕花刷白贴茶镜 + 大理石罗马柱

电视墙：大理石壁炉造型 + 银镜倒 45° 角 + 墙纸 + 木线条框

电视墙：啡网纹大理石斜铺 + 大理石罗马柱 + 墙纸

电视墙：墙纸 + 木线条框

电视墙：墙纸 + 石膏壁炉 + 布艺软包 + 银镜

电视墙：墙纸 + 实木线装饰套

电视墙：墙纸 + 饰面板装饰柜

电视墙：墙纸 + 石膏板造型拓缝刷白

04
设计小贴士

电视墙采用浮雕装饰

　　浮雕一般分为纯天然石材雕刻和模具浇铸。纯天然石材的价格非常昂贵，所以大部分采用模具浇铸。模具浇铸又分为石膏和树脂：石膏具有价格便宜、拼接缝好修补的特点，但是不具有耐水性；树脂具有一定的耐水性，但是价格相对于石膏要贵。家居空间一般建议使用石膏，然后在表面做真石漆。

LIVING ROOM DESIGN
简约风格

电视墙：米白大理石 + 金色镜面玻璃

电视墙：墙纸 + 皮质硬包

电视墙：皮质硬包 + 茶镜 + 陶瓷马赛克

电视墙：墙纸 + 灰色乳胶漆

电视墙：洞石 + 啡网纹大理石

电视墙：墙纸 + 木搁板

电视墙：墙纸 + 灰色乳胶漆

电视墙：墙纸 + 密度板雕花刷白贴黑镜 + 波浪板

电视墙：米白大理石装饰造型

电视墙：墙纸 + 不锈钢线条收口 + 皮质硬包

01
设计小贴士

简约风格的电视墙设计

　　有些时候电视墙不需要做特别的造型，简单大方的墙面用些特殊的材质，形成一些变化，也是很不错的设计。注意整面墙的色彩要与整体设计相协调，材质要和家具的质感相呼应，软装搭配独到一些，这样才能取得不错的装饰效果。

电视墙：大花白大理石 + 黑镜

电视墙：黑镜 + 墙面柜

电视墙：布艺软包 + 橡木饰面板 + 雕花灰镜

电视墙：石膏板造型刷白 + 墙纸

电视墙：米色墙砖 + 大理石线条收口 + 陶瓷马赛克

电视墙：石膏板造型刷白 + 饰面板装饰柱

电视墙┊石膏板造型刷白 + 不锈钢装饰条

电视墙┊大花白大理石 + 斑马木饰面板

电视墙┊墙纸 + 彩色乳胶漆

电视墙┊墙纸 + 茶镜 + 洞石

电视墙┊墙纸 + 黑镜 + 石膏板造型刷白

电视墙┊皮纹砖 + 银镜倒角

电视墙：墙纸 + 收纳柜 + 大理石线条收口

电视墙：墙纸 + 红色聚晶玻璃

电视墙：墙纸 + 中式木花格

电视墙：墙纸 + 木搁板

电视墙：银镜 + 布艺硬包

左墙：浅啡网纹　　右墙：条纹墙纸

电视墙：石膏板造型刷白 + 墙纸

电视墙：墙纸 + 磨花银镜

电视墙：墙纸 + 石膏板造型刷白

电视墙：布艺软包 + 雕花黑镜

电视墙：墙纸 + 黑镜 + 茶镜

设计小贴士 02

电视背景与餐厅背景采用相同的造型处理

有些大平层的客厅和餐厅处在同一个开放的空间中，电视背景和餐厅背景可以通过不一样的材质但采用相同的造型处理，达到和谐统一的装饰效果。要注意电视墙可以选择的材质较多，一般建议与家具或其他装饰元素呼应起来，让整体更加协调。

电视墙┊墙纸 + 磨花茶镜

电视墙┊墙纸 + 密度板雕花刷白贴黑镜

电视墙┊硅藻泥 + 黑镜

电视墙┊真石漆墙面喷涂 + 彩色乳胶漆

电视墙┊布艺软包 + 雕花黑镜

电视墙┊墙纸 + 木线条间贴

电视墙：石膏板造型刷白 + 黑镜

电视墙：墙纸 + 硅藻泥

电视墙：墙纸 + 装饰壁龛

电视墙：米黄大理石 + 茶镜

电视墙：仿古砖 + 墙面柜

电视墙：墙纸 + 彩色乳胶漆

电视墙：大花白大理石 + 银镜

电视墙：木纹大理石 + 雕花茶镜

电视墙：艺术造型搁架

电视墙：墙纸 + 木搁板 + 彩色乳胶漆

电视墙：墙纸 + 米白大理石 + 中式木花格

电视墙：墙纸 + 石膏板造型刷白

电视墙┊墙纸＋雕花灰镜

电视墙┊花岗岩大理石

电视墙┊墙纸＋木格栅贴灰镜＋密度板雕花刷白

电视墙┊石膏板造型刷白＋墙纸

电视墙┊墙纸＋雕花银镜＋金色木线条收口

电视墙涂刷乳胶漆

　　电视墙涂刷乳胶漆前有必要了解涂刷面积，以估算需要多少乳胶漆，避免不必要的浪费。另外，调配好的乳胶漆（尤其是同一种颜色的乳胶漆）要一次性用完。如果工程进行中出现局部修补，修补处应待墙体干后重上底漆，不能直接在漏刷底漆的位置涂刷面漆。同时还要及时检查涂层是否平滑，若不平滑可用细砂纸打磨光滑后，再涂刷一道面漆。

左墙┆浅啡网纹　右墙┆条纹墙纸　　　　　　　　左墙┆浅啡网纹　右墙┆条纹墙纸

左墙┆浅啡网纹　右墙┆条纹墙纸　　　　　　　　左墙┆浅啡网纹　右墙┆条纹墙纸

左墙┆浅啡网纹　右墙┆条纹墙纸　　　　　　　　左墙┆浅啡网纹　右墙┆条纹墙纸

电视墙：墙纸 + 木线条密排

电视墙：墙纸 + 黑镜

电视墙：洞石 + 黑色烤漆玻璃

电视墙：墙纸 + 木线条贴金色镜面玻璃

电视墙：墙纸 + 陶瓷马赛克 + 灰镜倒角

电视墙：橡木饰面板 + 装饰壁龛嵌黑镜

电视墙：洞石 + 雕花黑镜

电视墙：墙纸 + 黑镜 + 不锈钢线条框

电视墙：木地板上墙 + 黑镜

电视墙：黑镜 + 木搁板

电视墙：黑镜拼菱形 + 密度板雕花刷白

电视墙：石膏板造型拓缝刷白 + 雕花灰镜

电视墙：洞石＋银镜＋木搁板

电视墙：布艺软包

电视墙：石膏板造型刷白＋灰镜＋不锈钢装饰条收口

电视墙：石膏板造型刷白＋墙纸

电视墙：墙纸＋磨花灰镜＋石膏板造型拓缝刷白

04
设计小贴士

电视墙用镜面做背景

　　为了达到一定的装饰效果，很多业主选择了用镜面做背景。镜面能在视觉上增加室内的空间感，所以一直都比较受设计师和业主的喜爱。市面上的镜面一般分为 8mm 规格和 5mm 规格。在施工的时候镜面的背面最好用木工板打底，高度最好保持在 2400mm 以下，宽度也不要太宽，否则在公寓房中上楼就是个难题了。

电视墙：墙纸＋石膏板造型刷白＋玻璃搁板

电视墙：墙纸＋陶瓷马赛克＋布艺软包

电视墙：墙纸＋密度板雕花刷白贴茶镜

电视墙：布艺软包＋银镜＋木线条密排刷白

电视墙：墙纸＋黑镜＋洞石

电视墙：石膏板造型勾缝刷白＋雕花灰镜＋陶瓷马赛克

电视墙：饰面板拼花 + 银镜倒角

电视墙：墙纸 + 雕花黑镜 + 米黄大理石

电视墙：木纹大理石 + 布艺软包 + 木地板上墙

电视墙：洞石 + 金色镜面玻璃雕花

电视墙：墙纸 + 磨花银镜 + 洞石

电视墙：米黄大理石 + 茶镜

电视墙┊墙纸 + 玻璃马赛克

电视墙┊石膏板造型刷白 + 茶镜

电视墙┊米黄大理石 + 金属马赛克 + 大花白大理石

电视墙┊陶瓷马赛克拼花 + 啡网纹大理石

电视墙┊米黄大理石 + 墙纸 + 玻璃马赛克

电视墙┊墙纸 + 波浪板

电视墙：米黄大理石 + 银镜

电视墙：木地板上墙

电视墙：墙纸 + 金色镜面玻璃雕花 + 石膏板造型拓缝刷白

电视墙：墙纸 + 雕花黑镜

电视墙：墙纸 + 黑镜 + 木搁架

05

设计小贴士

电视墙铺贴木地板

　　电视墙采用木地板进行铺贴，在凸显现代简约风格的同时，为空间带来一份自然气息。这里要注意的是，同地面铺装地板一样，墙面铺装地板前，首先也需找平墙面。最好使用红外线水平仪找平，以避免铺装墙面本身不平整造成地板出现高低起伏或者波浪状而影响美观。

电视墙∶波浪板 + 灰色墙砖

电视墙∶石膏板造型刷白 + 黑镜 + 米黄色墙砖

电视墙∶米黄大理石 + 布艺软包

电视墙∶墙纸 + 不锈钢装饰条

电视墙∶墙纸 + 密度板雕花刷白贴银镜 + 黑镜

电视墙∶墙纸 + 雕花银镜

电视墙：布艺软包 + 灰色乳胶漆

电视墙：洞石 + 银镜

电视墙：墙纸 + 茶镜

电视墙：墙纸 + 茶镜 + 玻璃搁板

电视墙：墙纸 + 彩色乳胶漆 + 饰面板装饰柜

电视墙：仿古砖 + 黑镜拼菱形

电视墙：墙纸 + 磨花银镜

电视墙：石膏板造型装饰凹凸背景刷白

电视墙：墙纸 + 茶镜 + 洞石

电视墙：米黄色墙砖 + 夹丝玻璃 + 墙纸

电视墙：米黄色墙砖 + 茶镜 + 木线条密排

电视墙：墙纸 + 银镜

电视墙：墙纸 + 石膏板造型拓缝刷白

电视墙：墙纸 + 黑镜

电视墙：米白色墙砖斜铺 + 陶瓷马赛克 + 黑镜

电视墙：墙纸 + 银镜

电视墙：彩色乳胶漆 + 木搁板

06
设计小贴士

电视机选择挂墙的方式

　　电视机选择挂墙还是摆放在电视柜上，主要由沙发和电视柜的高度决定。如果电视柜高度低于 60cm，沙发相对较高，建议电视机还是选择挂墙的方式，插座排放在电视柜里面，墙体内穿一根 50 管连接。

电视墙：石膏板造型刷白 + 墙纸 + 雕花茶镜

电视墙：洞石 + 灰镜 + 墙纸

电视墙：洞石凹凸铺贴

电视墙：布艺软包 + 黑镜

电视墙：墙纸 + 木线条框

电视墙：石膏板造型刷白 + 陶瓷马赛克拼花

68　客厅细节设计 3000 例

电视墙 ⁞ 墙纸 + 茶镜

电视墙 ⁞ 石膏板造型刷白 + 木线条密排

电视墙 ⁞ 墙纸 + 墙贴 + 密度板雕花刷白贴灰镜

电视墙 ⁞ 墙纸 + 石膏板造型刷白

电视墙 ⁞ 墙纸 + 雕花灰镜

电视墙 ⁞ 米黄色墙砖 + 密度板雕花刷白贴灰镜

电视墙：米黄大理石 + 墙纸

电视墙：墙纸 + 饰面板装饰柱

电视墙：布艺软包 + 墙纸

电视墙：墙纸 + 饰面板装饰柜

电视墙：枫木饰面板 + 灰镜

电视墙：墙纸 + 石膏板造型刷白

电视墙：爵士白大理石 + 黑镜

电视墙：墙纸 + 装饰壁龛

电视墙：皮纹砖 + 墙纸

电视墙：墙纸 + 陶瓷马赛克 + 银镜

电视墙：墙纸 + 钢化清玻璃 + 黑镜

设计小贴士

半通透形式的电视墙

如果将部分墙体打掉，把电视背景设计成半通透的形式，可以给整个空间带来"犹抱琵琶半遮面"的感觉。在设计时要注意，不宜把电视墙完全镂空，否则会产生电线难以预排的问题。此外，电视背景中的实体部分也不宜做得太高，一般顶部距离地面400 ~ 1600mm 为佳。

电视墙：石膏板造型拓缝刷白 + 饰面板装饰柱

电视墙：墙纸 + 雕花黑镜

电视墙：石膏板造型拓缝刷白 + 墙纸 + 灰镜

电视墙：墙纸 + 石膏板造型拓缝刷白

电视墙：石膏板造型刷白 + 黑镜

电视墙：洞石 + 石膏板造型刷白嵌黑镜

电视墙：彩色乳胶漆 + 银镜

电视墙：石膏板造型刷白 + 墙纸

电视墙：石膏板造型拓缝刷白 + 黑镜 + 密度板雕花刷白

电视墙：墙纸 + 密度板雕花刷白

电视墙：石膏板造型刷白 + 墙纸

电视墙：米黄色墙砖 + 雕花黑镜 + 陶瓷马赛克

电视墙：彩色乳胶漆＋墙贴＋陶瓷马赛克

电视墙：墙纸＋饰面板装饰柱

电视墙：墙纸＋黑镜＋彩色乳胶漆

电视墙：杉木板装饰背景

电视墙：墙纸＋密度板雕花刷白

电视墙：墙纸＋枫木饰面板＋银镜

电视墙：墙纸＋木线条贴黑镜

电视墙：墙纸 + 木格栅

电视墙：墙纸 + 雕花黑镜

电视墙：墙纸 + 木线条收口 + 黑镜

电视墙：白色乳胶漆 + 墙贴

电视墙：墙纸 + 雕花黑镜

08
设计小贴士

现场制作的悬挂式电视柜

　　悬挂式电视柜多为现场制作，木工板基层加密度板贴面，再用混水油漆饰面。但需要注意，悬挂式电视柜在固定时，如果只使用普通膨胀螺钉，则承重能力不足，会有安全隐患。因此，建议在墙面上固定钢架结构，这样承重能力较强，今后不容易变形下垂。

电视墙：洞石 + 墙纸 + 木搁板

电视墙：钢化白玻璃 + 陶瓷马赛克

电视墙：米黄大理石 + 墙纸

电视墙：墙纸 + 木线条 + 玻璃搁板

电视墙：艺术墙绘 + 木线条密排

电视墙：米黄色墙砖 + 墙面柜嵌黑镜

电视墙：硅藻泥

电视墙：硅藻泥

电视墙：墙纸＋石膏板造型刷白

电视墙：洞石＋密度板雕花刷白贴灰镜

电视墙：米黄色墙砖凹凸铺贴

电视墙：墙纸＋黑镜

电视墙：墙纸＋黑镜

电视墙：彩色乳胶漆 + 石膏板造型刷白

电视墙：墙纸 + 石膏板造型刷彩色乳胶漆

电视墙：墙纸 + 石膏板造型刷白 + 灰镜

电视墙：墙纸 + 文化石

电视墙：米黄大理石 + 黑镜

电视墙：墙纸 + 雕花灰镜

电视墙┊石膏板造型刷白 + 灰镜

电视墙┊墙纸 + 密度板雕花刷白 + 装饰线帘

电视墙┊墙纸 + 不锈钢装饰条 + 黑镜

电视墙┊质感艺术漆 + 黑镜

电视墙┊墙纸 + 石膏板造型刷白

09
设计小贴士

悬空电视柜下方增加光带

　　很多悬空的电视柜看上去十分灵动，所以也常应用在简约风格的装修中。需要注意的是，比较长的柜子在安装时一定要牢固，不然时间久了会向下弯。另外，在悬空的柜子下面加一条光带也是不错的设计，但是如果地面用的是亮光砖，反光比较强，那么光带就一定要用光槽遮住，不然地面会反射，影响美观。

电视墙：米黄大理石倒角 + 灰镜

电视墙：斑马木饰面板 + 黑镜

电视墙：米黄色墙砖 + 雕花茶镜 + 木搁板

电视墙：布艺软包 + 黑色烤漆玻璃

电视墙：米黄大理石斜铺 + 饰面板装饰柜

电视墙：墙纸 + 茶镜 + 彩色乳胶漆

电视墙：墙纸 + 银镜倒角

电视墙：皮纹砖 + 艺术墙砖

电视墙：木线条间贴刷白 + 墙纸

电视墙：布艺软包 + 黑镜

电视墙：石膏板造型拓缝刷白 + 艺术墙砖

电视墙：墙纸 + 陶瓷马赛克 + 银镜

电视墙：皮纹砖 + 雕花银镜

电视墙：洞石 + 马赛克线条 + 银镜拼菱形

电视墙：墙纸 + 石膏板造型刷白 + 黑镜

电视墙：石膏板造型刷白 + 陶瓷马赛克 + 墙纸

电视墙：红砖刷白 + 彩色乳胶漆

左墙：浅啡网纹   右墙：条纹墙纸

左墙：浅啡网纹   右墙：条纹墙纸

左墙：浅啡网纹   右墙：条纹墙纸

电视墙：米黄色墙砖 + 茶镜 + 斑马木饰面板

电视墙：石膏板造型拓缝刷彩色乳胶漆 + 墙纸

电视墙：墙纸 + 石膏板造型刷白 + 黑镜

电视墙：木地板上墙 + 灰色乳胶漆

电视墙：石膏板造型刷白 + 木搁板

10
设计小贴士

利用壁龛充当电视柜

　　利用墙体的壁龛造型收纳功放机、数字电视盒等物品，既可增强墙面的立体感，又兼具电视柜的功能。这里需要考虑好壁龛的深度，因为不同品牌功放机的大小是不一样的，施工前应先确定使用的品牌型号，此外还要多安排几个插座。

LIVING ROOM DESIGN
时尚风格

电视墙：质感艺术漆 + 黑镜 + 装饰搁架

电视墙：墙纸 + 石膏板造型刷白

电视墙：墙纸 + 不锈钢线条收口 + 皮纹砖

电视墙：大花白大理石 + 黑镜 + 密度板雕花刷白

电视墙：皮纹砖 + 木线条间贴银镜

电视墙：密度板雕花刷白 + 木线条密排

电视墙：雕花灰镜 + 啡网纹大理石 + 陶瓷马赛克

电视墙：灰色乳胶漆 + 墙面柜 + 木搁板

电视墙：墙纸 + 金属马赛克 + 石膏板造型刷白

电视墙：水曲柳饰面板显纹刷白 + 洞石 + 灰镜

设计小贴士

背景墙内嵌电视机

　　背景墙内嵌电视机，需要提前了解电视机的尺寸，同时还要注意机架的悬挂方式，应事先留出电视机背面的插座空间位置，这样才不会在安装好以后，出现电视机嵌不进去或插座插不上的问题。另外，有凹凸造型的背景墙，如贴墙纸饰面，也要考虑好墙纸阴阳角的收口问题。

电视墙：石膏板造型刷白 + 陶瓷马赛克

电视墙：墙纸 + 木搁板 + 茶镜

电视墙：石膏板造型刷白 + 彩色乳胶漆

电视墙：陶瓷马赛克拼花 + 雕花灰镜

电视墙：墙纸 + 茶镜

电视墙：石膏板造型刷白

电视墙：饰面板装饰柱 + 雕花玻璃

电视墙：米色墙砖 + 黑镜 + 墙纸

电视墙：石膏板装饰凹凸背景刷灰色乳胶漆

电视墙：仿古砖斜铺

电视墙：黑镜挂装饰珠帘

电视墙：雕花黑镜 + 墙纸

电视墙┊杉木板装饰背景 + 灰镜

电视墙┊墙纸 + 石膏板造型刷白

电视墙┊石膏板造型刷白 + 黑镜

电视墙┊橡木饰面板 + 银镜倒角

电视墙┊石膏板造型刷白 + 黑镜

电视墙┊黑镜 + 石膏板造型刷白

电视墙┊黑白根大理石勾缝

电视墙：艺术墙绘 + 雕花黑镜

电视墙：米白色墙砖 + 墙面柜

电视墙：石膏板雕花 + 彩色乳胶漆

电视墙：石膏板装饰凹凸背景刷白

电视墙：布艺软包 + 装饰壁龛嵌银镜

电视墙上设计收纳柜

设计小贴士 **02**

　　建议选择定制收纳柜，按照实际尺寸制作，保证收纳柜与空间的整体结合。此外，还可以根据自己的喜好随意分配收纳柜内部的空间，把电视和收纳柜结合的效果表现得更好。如果选择购买收纳柜，柜子上方与顶棚之间的空隙难以装饰，不仅影响美观还容易积攒灰尘，而且选购时不容易搭配色彩，电视下方的家具也不易搭配。

电视墙：陶瓷马赛克拼花 + 银镜

电视墙：石膏板造型雕花 + 茶镜

电视墙：墙布 + 橡木饰面板

电视墙：陶瓷马赛克拼花 + 黑镜拼菱形

电视墙：橡木饰面板抽缝 + 黑镜

电视墙：米白色墙砖斜铺 + 木搁板

电视墙：饰面板装饰柜

电视墙：雕花茶镜 + 木搁板

电视墙：石膏板造型刷白 + 马赛克线条

电视墙：墙纸 + 茶镜 + 陶瓷马赛克

电视墙：墙纸 + 石膏板造型刷白

电视墙：艺术墙砖

电视墙：墙纸 + 钢化玻璃挂装饰珠帘

电视墙：质感艺术漆 + 洞石 + 茶镜

电视墙：石膏板造型刷彩色乳胶漆 + 木地板上墙

电视墙：饰面板装饰搁架

电视墙：密度板雕花刷白 + 木搁板

电视墙：啡网纹大理石

电视墙：雕花烤漆玻璃 + 磨砂玻璃

电视墙：皮质硬包

电视墙：皮纹砖＋金色镜面玻璃＋黑镜

电视墙：墙纸＋木搁架

电视墙：灰色乳胶漆＋石膏板装饰凹凸背景刷白＋银镜

电视墙：艺术墙绘

03
设计小贴士

电视墙安装投影幕布

　　若想在客厅里安装投影幕布，则在水电施工时要在顶面预留幕布的插座位置。但是要注意其隐蔽性，一般建议将插座做在投影幕布的侧面。可以在投影幕布下边的墙上做一个大的壁龛，摆放一些古玩等，在投影幕布收起来时也能对此处起到艺术修饰的作用。

电视墙：石膏板造型刷白 + 墙纸

电视墙：黑镜 + 饰面板装饰柜

电视墙：密度板雕花刷白贴银镜 + 墙纸

电视墙：木线条密排

左墙：米黄大理石 + 不锈钢线条 + 大理石装饰柜

电视墙：密度板雕花刷白 + 墙纸

电视墙：磨花银镜 + 木线条

电视墙：墙纸 + 布艺软包

电视墙：陶瓷马赛克拼花 + 布艺软包

电视墙：石膏板造型刷白 + 彩色乳胶漆

电视墙：墙纸 + 米黄大理石 + 饰面板装饰柱

电视墙：石膏板造型刷白 + 灰镜

电视墙：饰面板装饰柱 + 装饰线帘

电视墙：墙纸 + 石膏板造型拓缝刷白

LIVING ROOM DESIGN
中式风格

电视墙：艺术墙砖 + 黑胡桃木饰面板

电视墙：墙纸 + 中式木花格

电视墙：墙纸 + 中式木花格贴银镜

电视墙：青砖勾白缝 + 装饰窗

电视墙：墙纸 + 中式木花格

电视墙：砂岩浮雕砖 + 实木雕花 + 中式木花格

电视墙：墙纸 + 中式木花格贴茶镜

电视墙：墙纸 + 中式木花格 + 艺术墙砖

电视墙：陶瓷马赛克 + 米黄大理石

电视墙：墙纸 + 木花格贴透光云石

中式风格的电视墙设计

01
设计小贴士

在中式电视墙的设计上，空间布局讲究中规中矩的左右对称。保守中性的用色及经典的中式图案装饰能更进一步加强庄重之感。可以在客厅与走道相隔的人造隔墙中间设计中式镂空窗户，以此来延长电视墙的宽度，这样做也可达到通透的效果。若同时在餐厅相连的一面配以中式博古架，则可以大大丰富客厅的空间，营造出更浓厚的中式韵味。

电视墙：墙纸 + 回纹线条木雕贴灰镜 + 洞石

电视墙：洞石 + 中式木花格贴茶镜

电视墙：砂岩浮雕 + 中式花格 + 墙纸

左墙：柚木饰面板 + 中式木花格 + 米黄大理石

左墙：洞石 + 中式木花格 + 墙纸

电视墙：艺术墙绘 + 中式木花格贴透光云石

电视墙：木线条密排 + 回纹线条木雕贴银镜

电视墙：墙布 + 砂岩浮雕

左墙：墙纸 + 金色中式窗花 + 黑胡桃木饰面板

电视墙：饰面板拼花 + 雕花黑镜

电视墙：波浪板 + 木线条间贴黑镜

电视墙：大花白大理石 + 中式木花格

电视墙：墙纸 + 回纹线条木雕

电视墙：饰面板装饰柱 + 黑檀饰面板

电视墙：墙纸 + 木线条间贴

电视墙：青砖勾白缝 + 饰面板装饰搁架 + 木雕挂件

电视墙：木花格贴茶镜 + 洞石

电视墙：黑胡桃木饰面板 + 中式窗花

电视墙：布艺软包 + 米白大理石 + 回纹线条木雕

电视墙：米黄大理石 + 中式木花格贴黑镜

电视墙：大花白大理石 + 中式窗花 + 实木雕花

02 设计小贴士　　中式电视背景建议不做到顶

　　如果中式风格客厅的地面颜色用得比较深，电视墙采用石材和花格的搭配，整体背景会显得比较稳重。但要注意，如果背景一直做到顶，电视墙就会让人觉得有些沉重，不到顶的设计才不会显得很压抑，所以有些时候适当的留白会收到意想不到的效果。

电视墙：洞石 + 木雕屏风

电视墙：墙纸 + 青砖勾白缝

左墙：中式木花格 + 回纹线条木雕

电视墙：布艺软包 + 中式窗花

左墙：墙纸 + 实木雕花贴银镜 + 砂岩浮雕砖

电视墙：墙纸 + 大花白大理石 + 木搁板

电视墙：墙纸 + 实木线装饰套

电视墙：钢化清玻璃 + 灰镜 + 砂岩浮雕

电视墙：米黄大理石 + 木花格 + 啡网纹大理石

电视墙：墙纸 + 中式窗花

电视墙：黑檀饰面板凹凸铺贴 + 墙纸 + 黑色烤漆玻璃

电视墙：墙纸 + 木花格 + 实木雕花

电视墙：艺术墙绘 + 装饰壁龛

电视墙：饰面板装饰柱 + 雕花玻璃

电视墙：皮纹砖 + 马赛克线条 + 黑镜 + 木线条密排

电视墙：水曲柳饰面板套色 + 木花格贴银镜

电视墙：洞石 + 中式木花格 + 马赛克

电视墙：雨林棕大理石 + 木网格 + 中式窗花

电视墙┊洞石＋中式木花格

电视墙┊彩色乳胶漆＋墙纸＋饰面板装饰柱

电视墙┊皮纹砖＋墙纸＋中式窗花

电视墙┊艺术墙绘＋实木线制作角花

电视墙┊啡网纹大理石＋装饰壁龛

中式电视墙采用花格装饰

设计小贴士 03

　　中式风格的装修会用到很多花格做装饰，花格的品种也有很多，材质上有实木板手工雕刻的，也有密度板电脑雕刻的。实木的造价会相对高一些；密度板价格实惠，也有很多花型可以选择，但是相对实木来说立体感没那么强。在花格的选择上，既要考虑美观，也要结合装修预算，此外还要看具体用在什么地方，选择适合的才能达到画龙点睛的效果。

电视墙┊真丝手绘墙纸＋木花格贴黑镜

左墙┊浅啡网纹　　右墙┊条纹墙纸

电视墙┊饰面板装饰柜＋回纹造型搁架

电视墙┊艺术墙绘＋石膏板造型刷白

电视墙┊米白色墙砖＋樱桃木饰面板＋木花格贴茶镜

电视墙┊洞石＋中式木花格贴银镜

电视墙：质感艺术漆 + 饰面板装饰柱 + 灰镜

电视墙：石膏板装饰凹凸背景刷白

电视墙：米白大理石 + 木雕花

电视墙：橡木饰面板 + 银镜 + 木花格贴银镜

电视墙：墙纸 + 木线条框

电视墙：沙比利饰面板 + 木花格

电视墙：云石大理石 + 大理石雕刻回纹图案

电视墙：艺术墙纸 + 樱桃木饰面板

电视墙：米黄大理石 + 实木雕花贴茶镜

电视墙：洞石 + 茶镜 + 木格栅

电视墙：墙纸 + 中式木花格

电视墙：墙纸 + 木线条框